数学小天才的一年级预备课

[美] 约瑟夫·米森　文
[美] 萨缪·希提　图
仇韵舒　译

童书

目 录

第1课　什么是减法

你已经学会怎么做加法了，对吧？
现在，我们来学些新东西。
我是减号。
我可以帮你算出两个数之间差多少。

看这个算式，
这就是一个减法问题。
3减2，得多少？
3-2=?

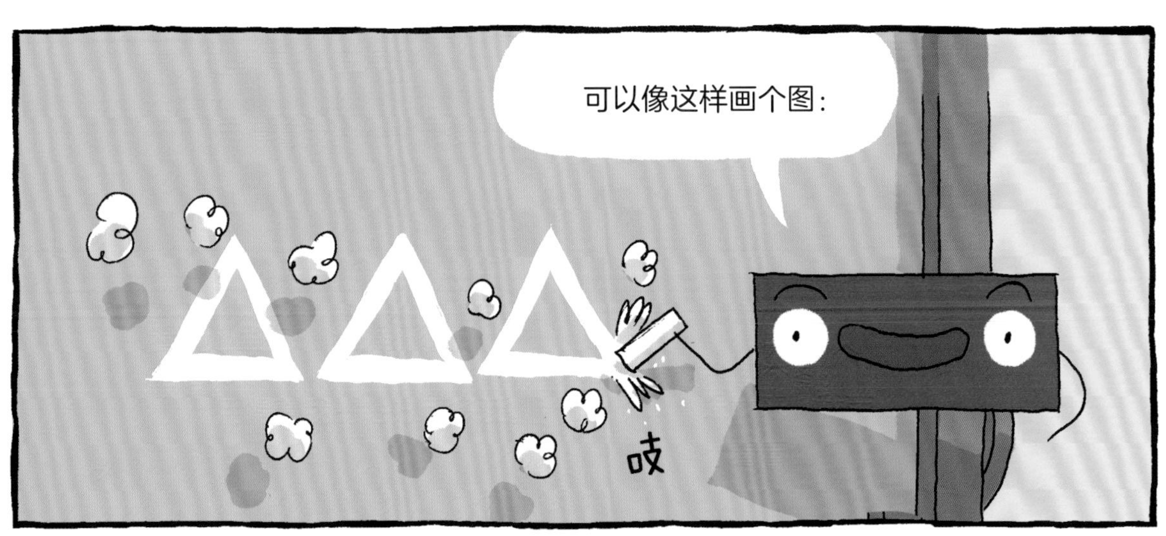
可以像这样画个图：
吱

看，这里有3个三角形。
去掉2个，
还剩1个。
吱
吱

用得着我的地方可多了。
跟我来，我带
你看看！

第2课　倒着数

13
14
15
16
嘿，加号！
你在做什么？
我在数桃子呢！
哈哈，我有16个桃子。

但是，有7个是烂的。
那可怎么办？

你得把它们扔掉，否则吃了会肚子疼的。
好吧。

去掉这7个烂桃子，还剩几个桃子呢？

16 - 7 = ?

我们一起来算。怎么算呢？
嗯……我可以数数有几个好桃子。

好主意，但我还有一种算法。
嗯？

16
15
14
13
12
11
10
还剩9个桃子！
哈——
我明白了！
吱
吱
吱
吱
吱
吱
吱

你是倒着数的。
没错！
我从16开始，倒着数了7个数。

我也可以用来计算16－7！
加法怎么解决这个减法问题呢？

我可以把16拆成10和6。
像这样：

那么，16相当于——
10
6

1个十加上6个一。

我明白了。
现在轮到我来计算10－7了。

在我算的时候，你可要看好了。
没问题。

1
2
3
4
5
6
7
还剩3。
别忘了再加上这6个一。

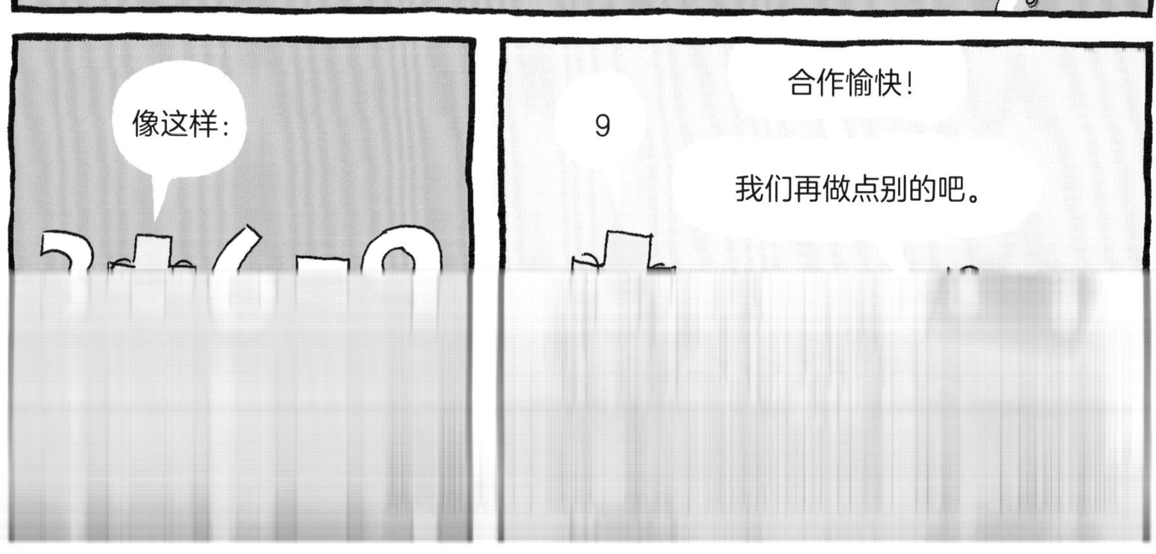
像这样：
合作愉快！
9
我们再做点别的吧。

第3课　数字线

你用过数字线吗?
数字线能帮我们计算这种复杂的算式:
37-19=?

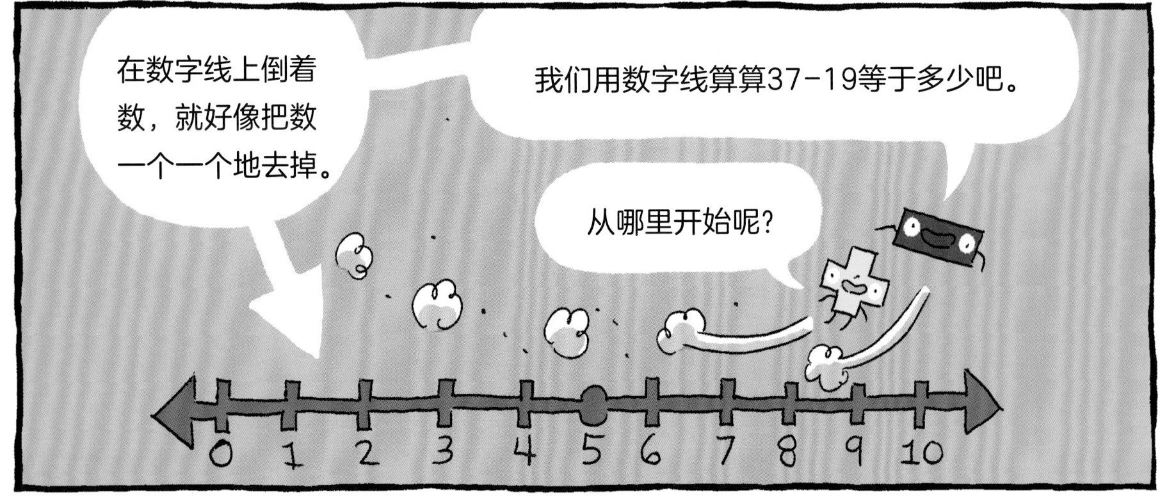
在数字线上倒着数，就好像把数一个一个地去掉。
我们用数字线算算37-19等于多少吧。
从哪里开始呢?
0 1 2 3 4 5 6 7 8 9 10

从37开始。
扑通
37

现在，我们一路倒着数19个数，就知道答案啦。
酷!
37

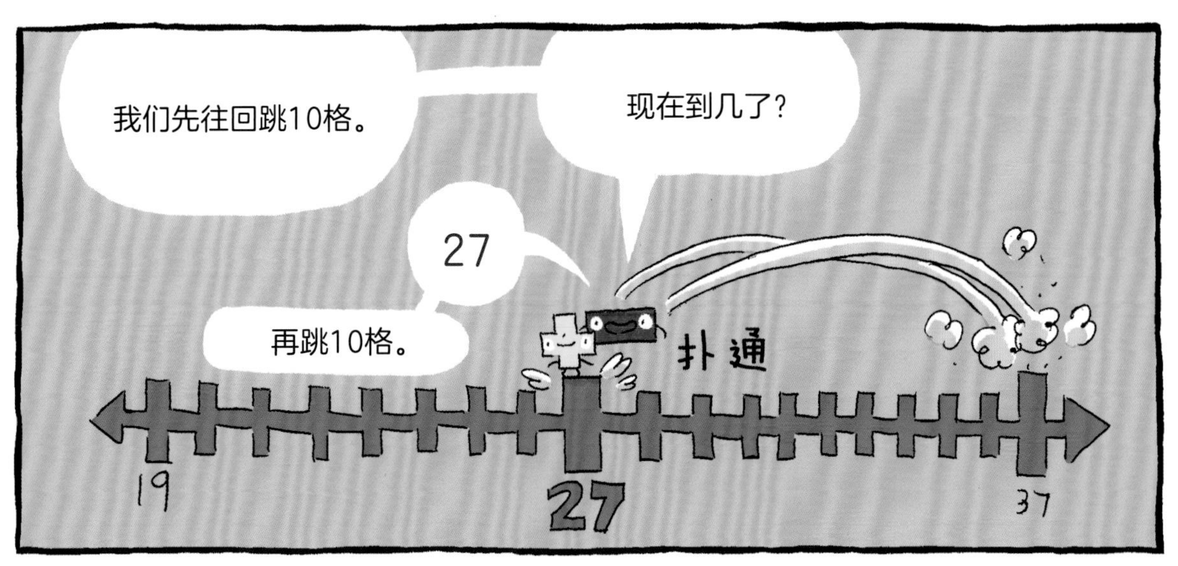
我们先往回跳10格。
现在到几了？
27
再跳10格。
扑通
19
27
37

哎呀！我们一共往回跳了20格。
扑通
17
19
27

可我们只要回跳19格就够了。
现在可怎么办？
再反着跳1格就好啦。

这就是我们要找的答案！
18
呼

37－19＝18
我们再检查一遍。

第4课　加法检查

可以用加法检查减法算出的答案。
扑通
18
19
37

你知道，我们本来就可以用加法来算的。
没门！
当然可以！
扑通
18
19

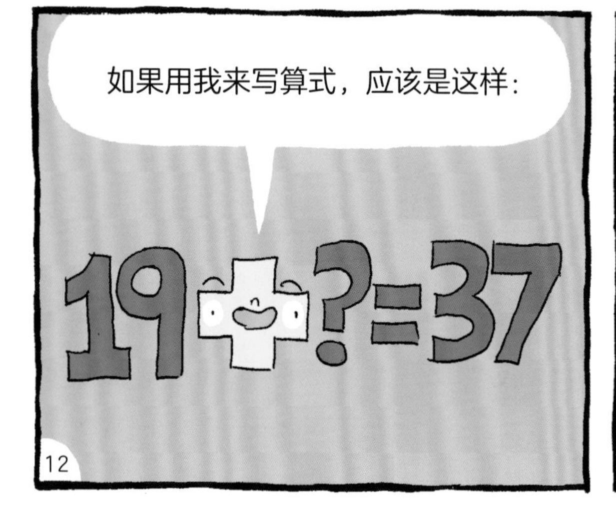
如果用我来写算式，应该是这样：
19 ? =37

现在，我们得从19开始往后数，一直数到37。
你来带路吧。
19

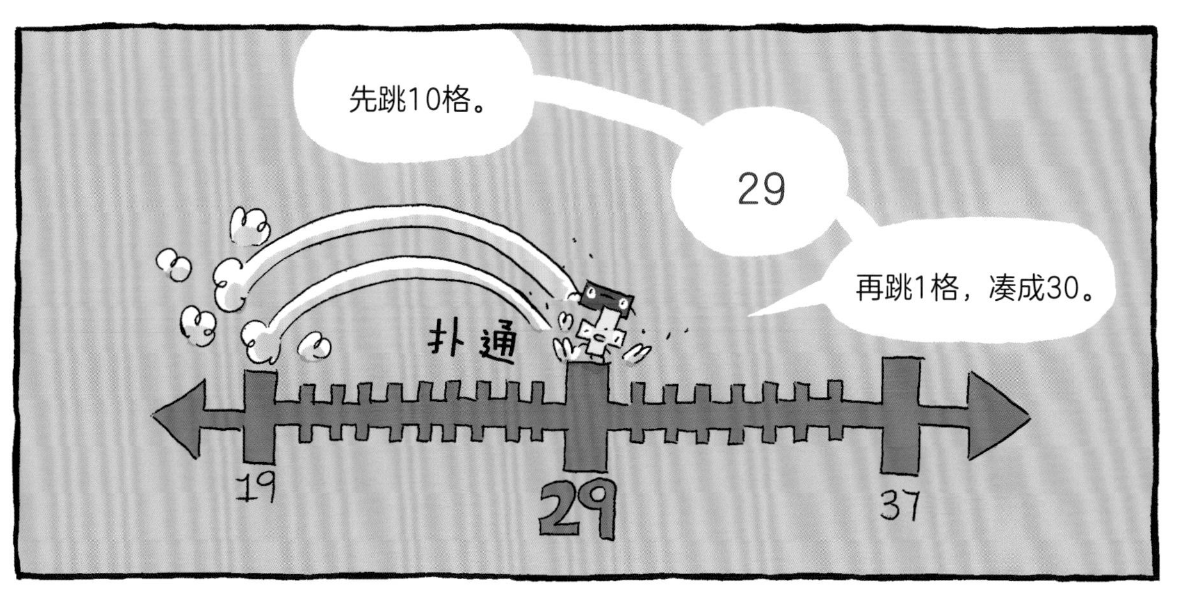
先跳10格。
29
再跳1格，凑成30。
扑通
19
29
37

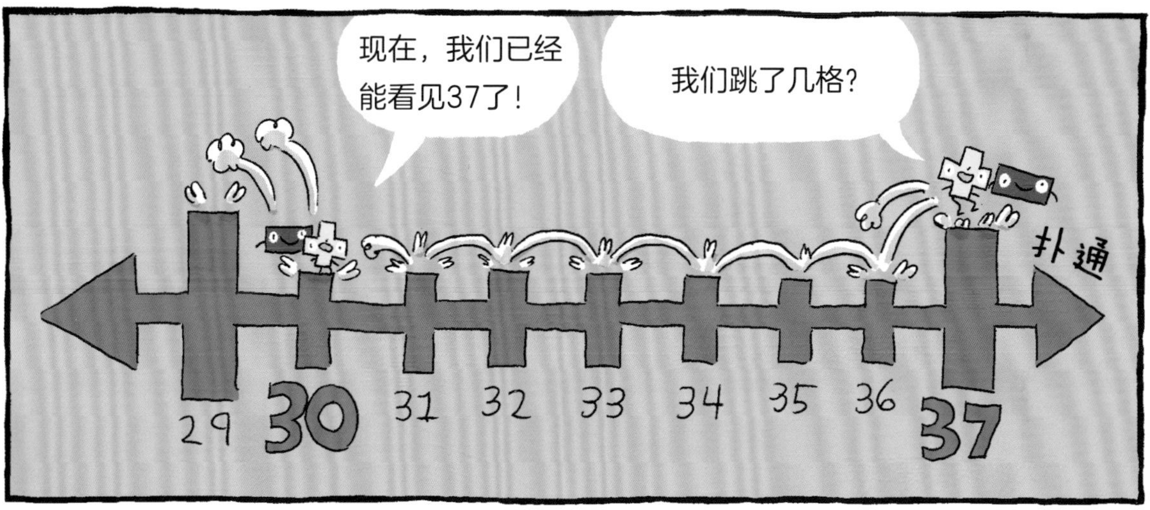
现在，我们已经能看见37了！
我们跳了几格？
扑通
29
30
31
32
33
34
35
36
37

一起数！
18格
和用减法算出来的答案一样。
我还要再来几次！

第5课　拆十法

漂亮！
哇，你弹珠打得真好！
熟能生巧嘛。
啪
噗
扑通

一开始，我有53粒弹珠。
53

后来输了25粒。
25

我们用倒着数的方法算算
还剩几粒吧。

等等！
为什么不先凑个整呢？
怎么凑？

我们可以把53拆成5个十和3个一。

53相当于：

50 + 3

这样我们就可以用50来减25了。

这可简单多了！

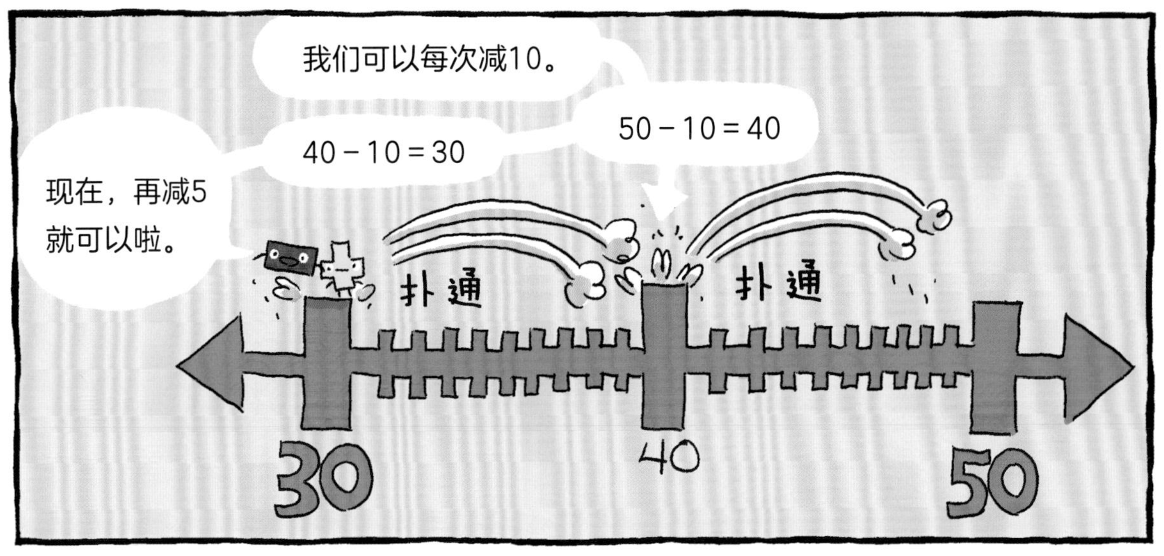
我们可以每次减10。
50 − 10 = 40
40 − 10 = 30
现在，再减5
就可以啦。
扑通
扑通
30
40
50

是25！
别忘了，我
们把53拆成
了50 + 3。
所以，
再加3。
扑通

25 + 3 = 28
扑通

有没有更快的方法
能算出这道题呢？
试试翻倍怎么样？

关于翻倍，你都知道
些什么？
我知道25翻个倍等于50。
25
25
分开
分开

那……

50 − 25=25

棒！
但我们一开始有53粒弹珠。

所以，还要在答案里加上3。

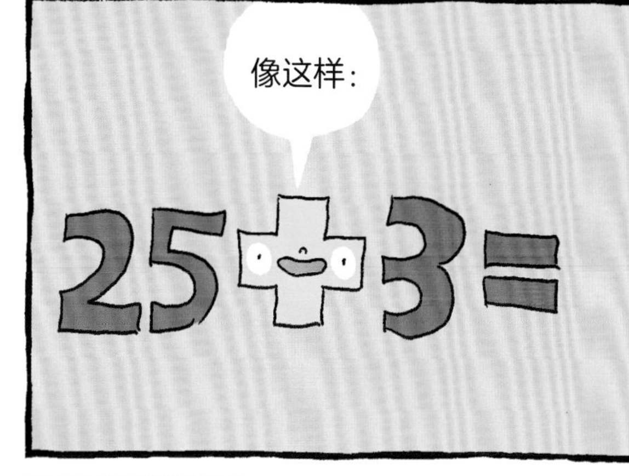
像这样：
25+3=

28
我也没把弹珠都输给你嘛。
28

嘿嘿，
是暂时还没。

你说什么？！
啊，没什么。
我们再找些别的东西来减吧！

第6课　多种算法结合

我只抓到8条蠕虫。

呜——　呜——
别担心！

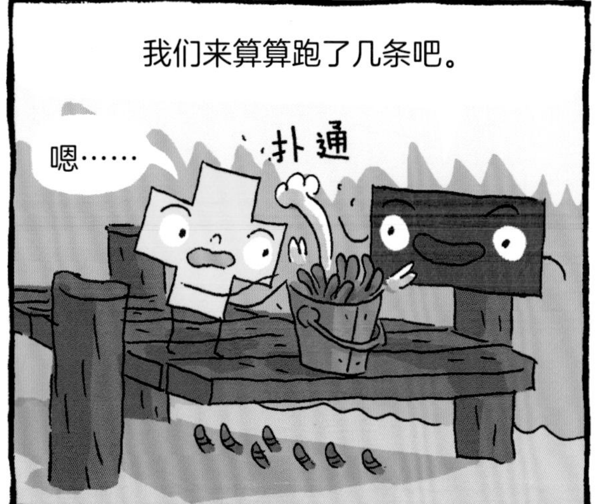
我们来算算跑了几条吧。
嗯……
扑通

可以这么算：
15－?=8

我们自由啦！

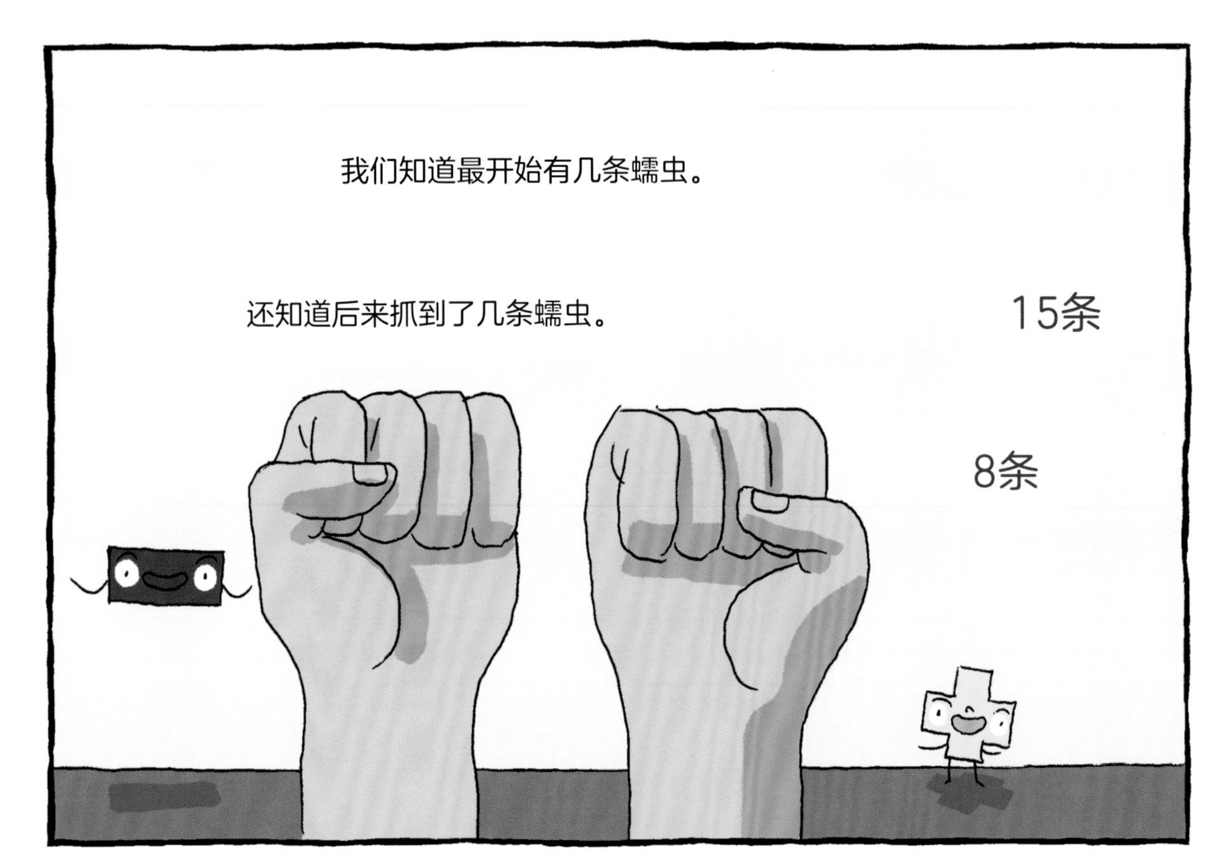
我们知道最开始有几条蠕虫。
还知道后来抓到了几条蠕虫。
15条
8条

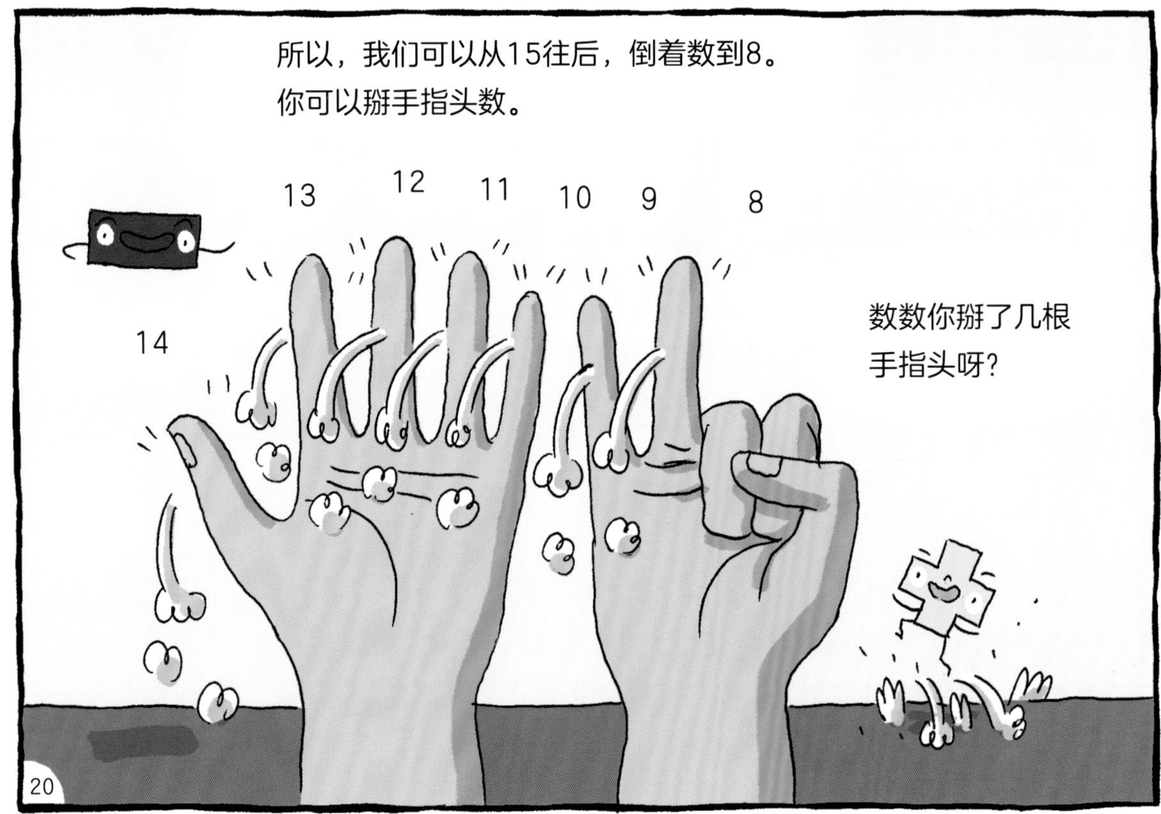
所以，我们可以从15往后，倒着数到8。
你可以掰手指头数。
14
13
12
11
10
9
8
数数你掰了几根
手指头呀？

7根

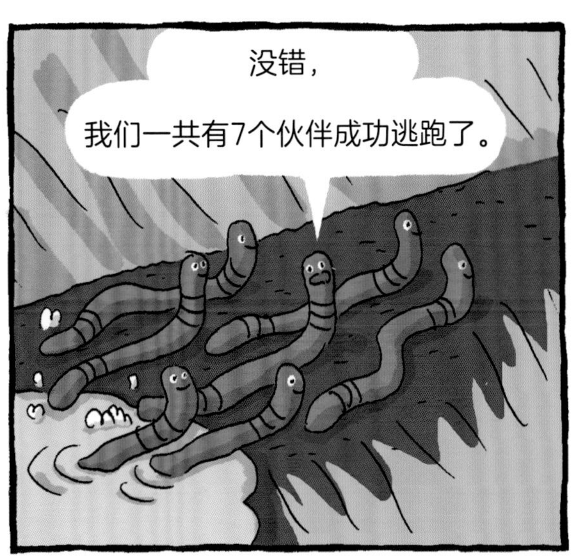
没错，
我们一共有7个伙伴成功逃跑了。

再也不会回来了！
决不回来！

哈！哈！哈！哈！
哈！哈！哈！
嗯？

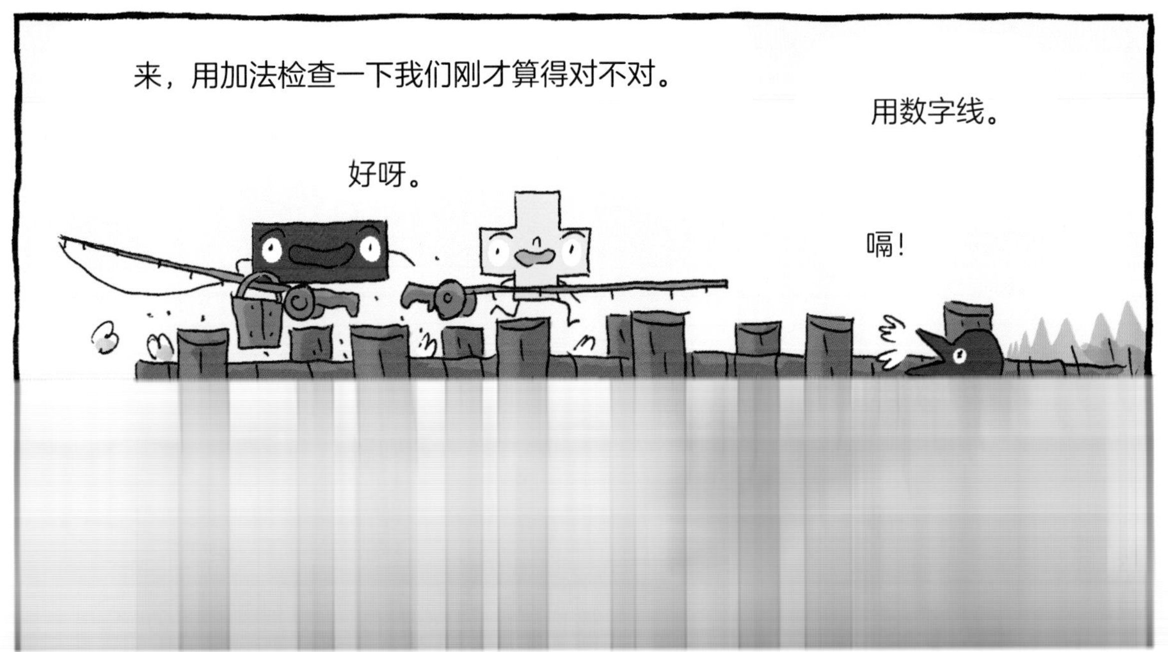
来，用加法检查一下我们刚才算得对不对。
用数字线。
好呀。
嗝！

列成算式是这样的：

$$8+?=15$$

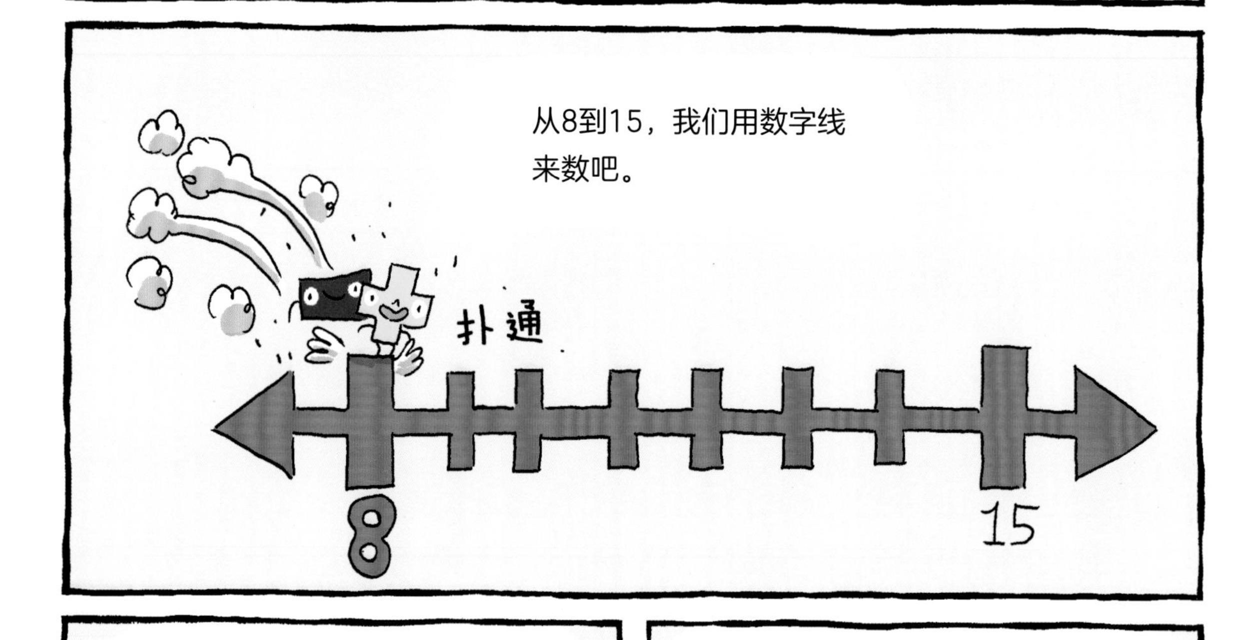

从8到15，我们用数字线来数吧。
扑通
8
15

大部分人都觉得10比8好算。
8

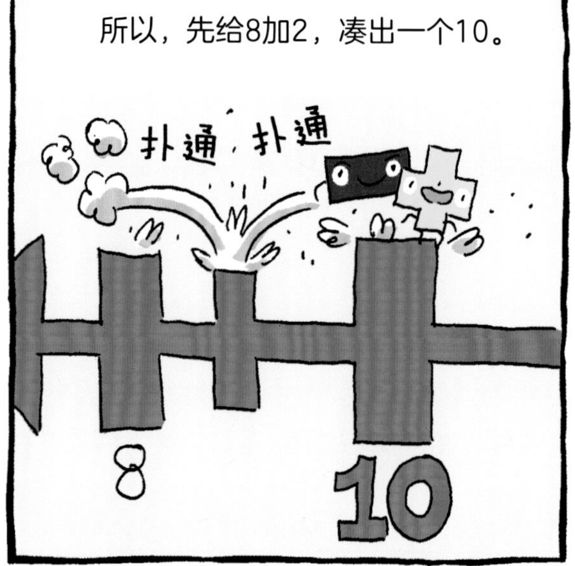

所以，先给8加2，凑出一个10。
扑通 扑通
8
10

10加几等于15呀?
5

所以再加5就满15啦。
咻

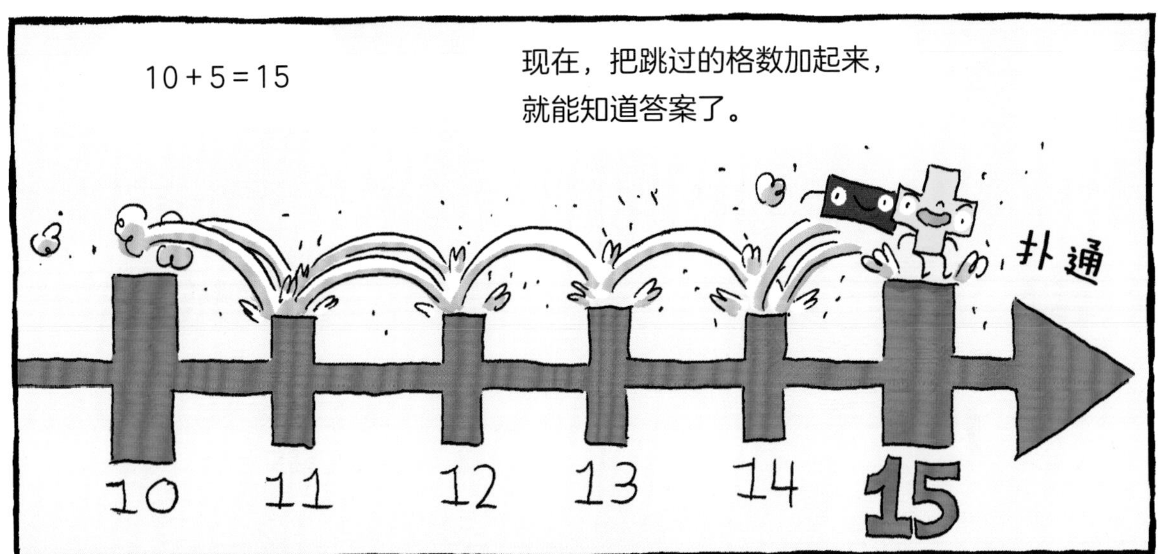
10 + 5 = 15
现在，把跳过的格数加起来，
就能知道答案了。
扑通
10
11
12
13
14
15

我们先跳了2格，
然后又跳了5格。

所以我们刚才算得没错，
15减7等于8。

你成功啦！

第7课 火车上的减法训练

我们来算一算。一开始有25节车厢，
不知道我去掉了几节。
所以我们要数数剩下
几节车厢。

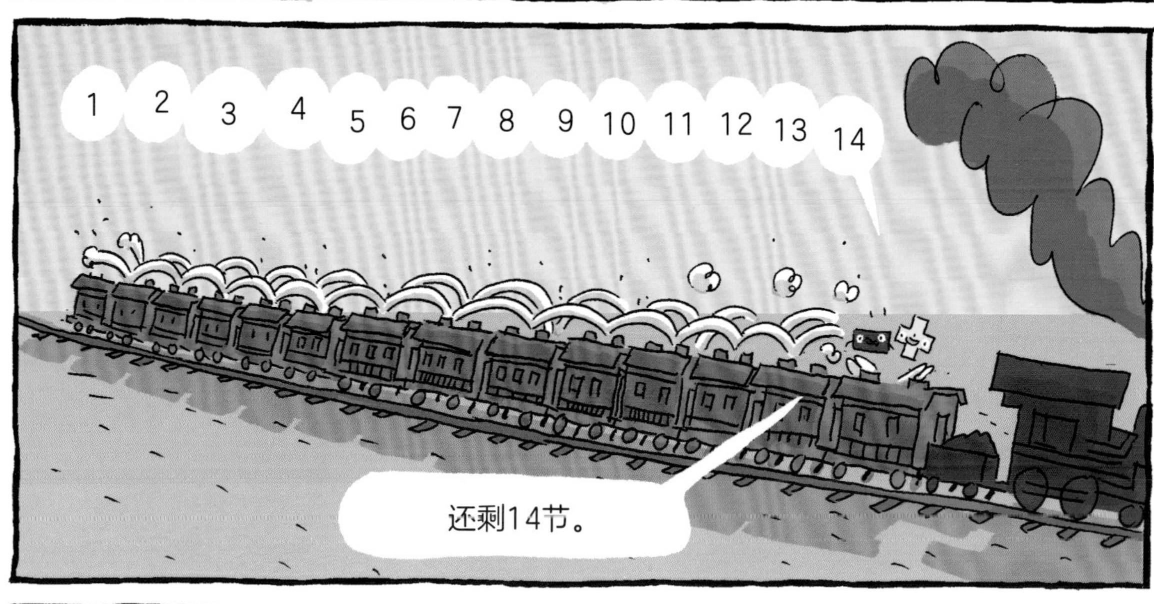
1 2 3 4 5 6 7 8 9 10 11 12 13 14
还剩14节。

所以，列成算式是这样：

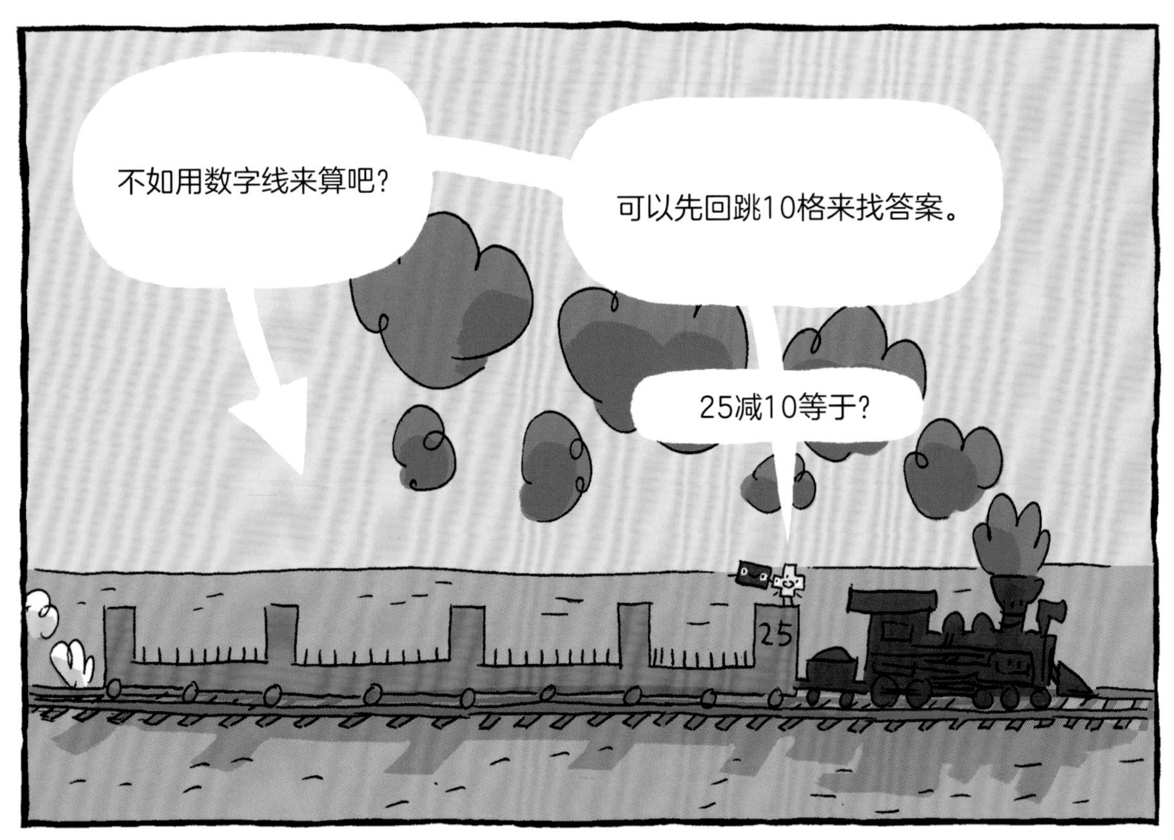
不如用数字线来算吧？
可以先回跳10格来找答案。
25减10等于？
25

15
15
扑通
25
煤

再往回数1格就是……
14
扑通
14
15

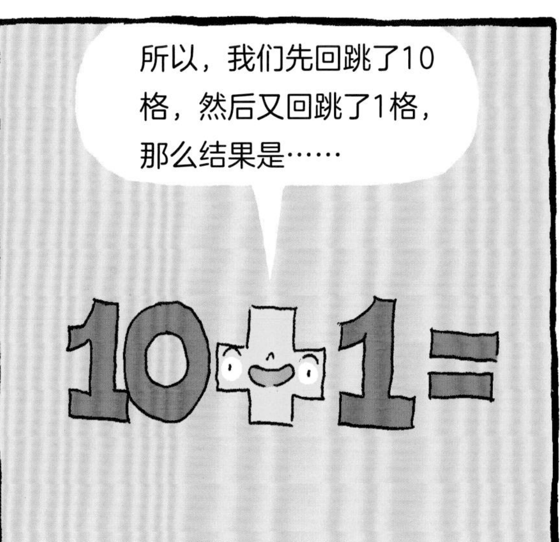
所以，我们先回跳了10格，然后又回跳了1格，那么结果是……
10+1=

11

现在还剩14节车厢，所以你从25节车厢里减掉了11节。
没错！
铲

从14开始往后数也能找到答案。
试试吧！
轰 轰

总结课　减法和加法

我们虽然不同，但合作愉快。
没错！不论你怎么看，数学既有加法，又有减法。
握手
握手

更棒的是，如果你用我们中的一个算出答案，
还能用另一个来检查。

如果你遇到一道解不出的难题，
千万别放弃。
等你算出来的时候，就可以把
解法讲给好朋友听啦。

算两个数相差多少时
别忘了我。
我是减号。

附录　减法的基本规律

下面这张表格能帮你加得更快，减得也更快。

还能告诉你减法的基本规律。

规律能告诉我们一组数字之间是什么关系。

这张表列出了10组数字之间的加减规律。你还能再想出几组吗？

5+5=10 10−5=5	6+5=11 11−5=6 11−6=5	7+5=12 12−5=7 12−7=5	8+5=13 13−5=8 13−8=5	9+5=14 14−5=9 14−9=5
5+6=11 11−6=5 11−5=6	6+6=12 12−6=6	7+6=13 13−6=7 13−7=6	8+6=14 14−6=8 14−8=6	9+6=15 15−6=9 15−9=6
5+7=12 12−7=5 12−5=7	6+7=13 13−7=6 13−6=7	7+7=14 14−7=7	8+7=15 15−7=8 15−8=7	9+7=16 16−7=9 16−9=7
5+8=13 13−8=5 13−5=8	6+8=14 14−8=6 14−6=8	7+8=15 15−8=7 15−7=8	8+8=16 16−8=8	9+8=17 17−8=9 17−9=8
5+9=14 14−9=5 14−5=9	6+9=15 15−9=6 15−6=9	7+9=16 16−9=7 16−7=9	8+9=17 17−9=8 17−8=9	9+9=18 18−9=9

互动小课堂

课本知识提前学

本书从认识减号开始，介绍了减法的各种计算方法，如倒着数、巧妙利用数字线、拆十法、加法检查等。这些内容是对一年级数学教材中减法部分的补充与提升。

倒着数：
从总数中倒着往前数。帮助孩子初步建立减法的概念，理解减法的本质。

数字线：
把抽象的算式变成具体可数的图形，符合孩子的思维方式。

拆十法：
帮助孩子快速计算减法，不出错。

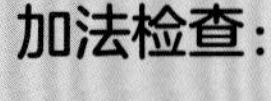

加法检查：
多角度思考问题，拓展数学思维，养成检查的好习惯。

生活中的减法小课堂

想一想，生活中有哪些用到减法的地方？你会列出减法算式吗？能想到几种算法来计算呢？

如果带着33元去超市买一个西瓜，买完还剩18元，那

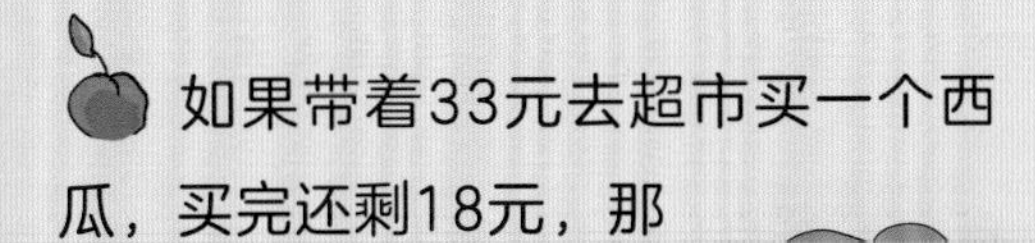

图书在版编目（CIP）数据

数学小天才的一年级预备课. 减法 / (美) 约瑟夫·米森 (Joseph Midthun) 文；(美) 萨缪·希提 (Samuel Hiti) 图；仇韵舒译. -- 上海：文汇出版社, 2020.12

ISBN 978-7-5496-3334-0

Ⅰ. ①数… Ⅱ. ①约… ②萨… ③仇… Ⅲ. ①数学—儿童读物 Ⅳ. ①O1-49

中国版本图书馆CIP数据核字（2020）第187241号

数学小天才的一年级预备课. 减法

作　　者 / [美] 约瑟夫·米森（文）
　　　　　 [美] 萨缪·希提（图）
译　　者 / 仇韵舒

责任编辑 / 文　荟
特邀编辑 / 赵佳琪　　蔡若兰
封面装帧 / 吕倩雯
内文排版 / 徐　瑾

出版发行 / **文匯**出版社
　　　　　 上海市威海路 755 号
　　　　　（邮政编码 200041）
经　　销 / 全国新华书店
印刷装订 / 北京盛通印刷股份有限公司
版　　次 / 2020 年 12 月第 1 版
印　　次 / 2020 年 12 月第 1 次印刷
开　　本 / 787mm × 1092mm　1/16
总 字 数 / 16 千字
总 印 张 / 12
ISBN 978-7-5496-3334-0
定　　价 / 150.00 元（全6册）

数学小天才的一年级预备课

减法

每天7分钟漫画课，加减乘除都会做！

从认识减号开始，带孩子由浅入深地学习4种计算减法的方法：倒着数、巧妙利用数字线、拆十法、加法检查。

本书是对一年级数学教材的完美补充与提升。

家长再也不用担心幼小衔接，孩子在家提前就学会。

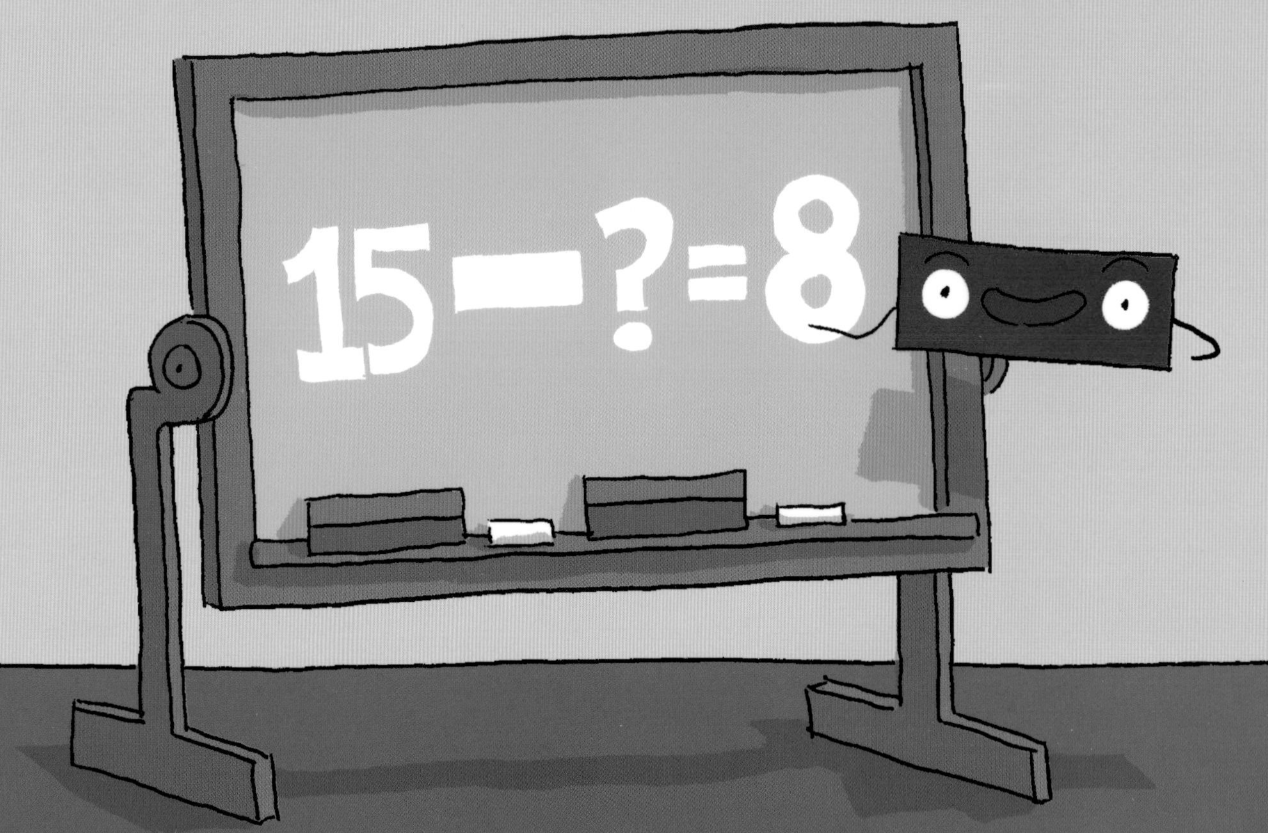

数学小天才的一年级预备课 · 全6册

建议上架：儿童绘本/儿童科普
ISBN 978-7-5496-3334-0

熊猫君激发个人成长
www.dookbook.com

读客®

定价：150.00元
（全6册）